한국 매미 생태 도감
The Encyclopedia of Korean Cicadas

한국 생물 목록 22
Checklist of Organisms in Korea 22

한국 매미 생태 도감
The Encyclopedia of Korean Cicadas

펴 낸 날 | 2017년 2월 6일 초판 1쇄
지 은 이 | 김선주, 송재형
펴 낸 이 | 조영권
만 든 이 | 노인향
꾸 민 이 | 강대현

펴 낸 곳 | **자연과생태**
주소_서울 마포구 신수로 25-32, 101(구수동)
전화_02)701-7345~6 팩스_02)701-7347
홈페이지_www.econature.co.kr
등록_제2007-000217호

ISBN 978-89-97429-74-5   93490

한국 생물 목록 22
Checklist of Organisms in Korea 22

한국 매미 생태 도감
The Encyclopedia of Korean Cicadas

글·사진 **김선주, 송재형**

자연과생태

머리말

많은 사람들이 매미가 여름을 대표하는 곤충이라고 알고 있습니다. 이른 봄이나 늦가을에도 매미가 나타나 운다는 것을 아는 사람은 많지 않습니다. 한여름인 6~8월에 여러 종이 집중적으로 나타나니 그럴 만도 합니다.

4월 하순에는 세모배매미가 모습을 내밉니다. 보름쯤 더 지나 5월 중순이 되면 이제는 풀매미가 나타납니다. 그뿐인가요. 한여름의 매미들이 사라져 가는 시기인 8월 하순부터는 가을을 주 무대로 살아가는 늦털매미가 나타나 11월 초순까지도 울어댑니다. 이처럼 우리가 매미와 만날 수 있는 기간은 꽤나 깁니다.

참매미, 말매미, 애매미, 털매미, 유지매미 등은 주변에서 쉽게 만날 수 있습니다. 그러나 풀밭을 터전으로 살아가는 풀매미, 강원도와 경기도 북부 같은 특정한 지역에서만 사는 세모배매미, 높은 산에서 보이는 참깽깽매미처럼 조금은 발품을 팔아야 만날 수 있는 종도 있습니다. 이처럼 매미를 만날 수 있는 범위도 넓습니다.

'매미'라는 이름은 "맴, 맴, 맴"하고 우는 참매미의 울음소리에서 유래했답니다. 소나기가 내리는 듯 세차게 우는 말매미, 지글지글 기름 끓는 소리처럼 우는 유지매미, 다양한 리듬이 있는 애매미 소리, 박자를 맞추는 쓰름매미 등 소리로 종을 구별하며 즐길 수 있는 것도 매미 관찰의 매력입니다.

어린 시절 집 주변과 뒷산으로 매미를 만나러 다니는 게 일상이었습니다. 나무 아래 평상에 누워서 시원한 매미의 울음소리를 듣는 것도 즐거웠습니다. 매미를 찾아 전국을 돌아다니면서는 종마다 다른 독특한 생태를 알아가는 재미에 푹 빠졌습니다. 그러면서 규모가 작은 풀밭을 터전으로 살아가는 풀매미가 개발이나 농약으로 인해 살 곳을 잃는 것도 알게 되었고, 도시에서는 매미의 울음소리를 극성스런 소음으로 여기는 사람이 많다는 것도 알게 되었습니다.

저희에게는 큰 즐거움을 준 매미가 안타까운 상황에 놓이는 것이 마음 아팠습니다. 매미가 우는 이유, 매미의 삶을 조금이라도 이해하면 매미와 사람 간 유대를 형성하는 데 도움이 되지 않을까 생각했습니다. 그래서 그간 관찰한 내용을 모아 이 책을 준비했습니다. 많은 분들이 매미와 친해지기를 기대합니다.

2017년 2월

김선주, 송재형

일러두기

1. 우리나라에 사는 매미과의 2아과 12종을 소개했다.

2. 분류체계 및 학명은 이영준 박사의 논문 [Lee, Y. J., 2008. *Revised synonymic list of Cicadidae (Insecta: Hemiptera) from the Korean Peninsula, with the description of a new species and some taxonomic remarks*. Proceedings of the Biological Society of Washington, 121: 445-467.]을 기준으로 적용했다.

3. 종별 설명은 형태와 생태 설명으로 구성했으며, 생태 사진과 표본 사진을 수록했다.

4. 종별 설명에서 '몸길이'는 몸의 수분이 증발해 배가 수축된 표본을 실측한 것으로, 살아 있을 때의 크기와 차이가 날 수 있다. 다만 '날개 끝까지 길이'에서는 표본이나 생체 간 차이가 없다.

5. 종별 설명에 실은 표본 사진은 생김새를 자세히 볼 수 있도록 확대했다. 본문 앞부분에 12종의 수컷 표본 사진을 실제 크기로 모아 수록해 크기를 가늠할 수 있게 했다.

6. 저자가 운영하는 카페(cafe.naver.com/cicadasun, 한국의 매미 생태)에서 다양한 동영상을 볼 수 있다.

차례

우리나라 매미의 형태와 생태

우리나라 매미 12종 20

한국산 매미

우리나라 매미 연구에서 주목할 만한 성과를 낸 연구자는 이영준 박사다. 그는 2005년 출간한 『우리매미탐구』에서 한국산 매미를 총 15종으로 정리했으며, 그 후 과거의 한국산 깽깽매미 기록이 모두 참깽깽매미의 오동정이란 것을 밝혔고, 풀매미와 고려풀매미가 동일종임을 확인했다(Lee, 2008). 두눈박이좀매미(*Kosemia admirabilis*)는 북한과 중국 동북부 지역에 서식하고 남한에서는 관찰되지 않아서 이 책에서는 한국산 매미를 12종으로 재정리했다.

'매미'는 매미과에 속하는 곤충을 일컬으며, 우리나라에는 12종이 서식한다. 매미과는 다시 진동막덮개가 있는 매미아과와 진동막덮개가 없는 좀매미아과로 나뉘며, 매미아과에 9종, 좀매미아과에 3종이 있다.

매미는 찌르는 주둥이로 나무의 수액을 빨아 먹으며, 수컷은 배에 있는 발음기관으로 소리를 낸다. 암컷은 발음기관이 없으며, 알을 낳는 산란관이 있다.

매미는 번데기 단계 없이 알→애벌레→어른벌레로 탈바꿈하는 불완전변태를 한다. 짝짓기를 마친 암컷은 나뭇가지나 껍질에 알을 낳으며, 부화한 애벌레는 땅속으로 들어가 나무 뿌리의 수액을 빨아 먹고 4~5차례 허물을 벗으면서 여러 해에 걸쳐 자란다. 다 자란 5령 애벌레는 여름에 땅 위로 나와 나무나 풀줄기를 타고 올라간 뒤 날개돋이해 어른벌레가 된다. 어른벌레의 생존기간은 2~4주로 알려졌다.

진동막덮개가 있는 매미아과의 참깽깽매미

진동막덮개가 없는 좀매미아과의 호좀매미

매미아과 Cicadinae

1. 털매미 *Platypleura kaempferi* (Fabricius, 1794)
2. 늦털매미 *Suisha coreana* (Matsumura, 1927)
3. 참깽깽매미 *Auritibicen intermedius* (Mori, 1931)
4. 말매미 *Cryptotympana atrata* (Fabricius, 1775)
5. 유지매미 *Graptopsaltria nigrofuscata* (Motschulsky, 1866)
6. 참매미 *Hyalessa fuscata* (Distant, 1905)
7. 소요산매미 *Leptosemia takanonis* Matsumura, 1917
8. 쓰름매미 *Meimuna mongolica* (Distant, 1881)
9. 애매미 *Meimuna opalifera* (Walker, 1850)

좀매미아과 Cicadettinae

10. 세모배매미 *Cicadetta abscondita* Lee, 2008
11. 호좀매미 *Kosemia yezoensis* (Matsumura, 1898)
12. 풀매미 *Tettigetta isshikii* (Kato, 1926)

꿩의다리에서 만난 풀매미 한 쌍

각 부위의 명칭

윗면

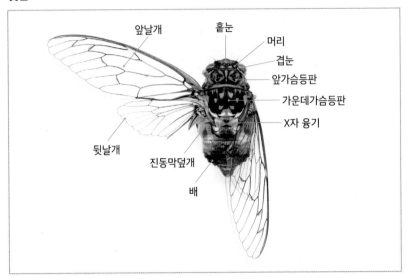

- 앞날개
- 홑눈
- 머리
- 겹눈
- 앞가슴등판
- 가운데가슴등판
- X자 융기
- 뒷날개
- 진동막덮개
- 배

아랫면

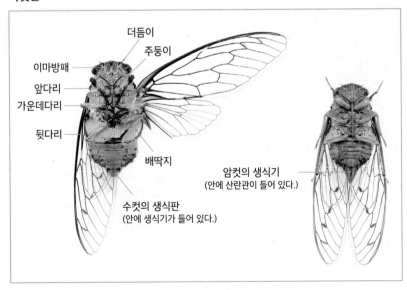

- 더듬이
- 주둥이
- 이마방패
- 앞다리
- 가운데다리
- 뒷다리
- 배딱지
- 암컷의 생식기
  (안에 산란관이 들어 있다.)
- 수컷의 생식판
  (안에 생식기가 들어 있다.)

한살이

짝짓기(풀매미)

산란(풀매미)

나뭇가지 속의 알(말매미)

땅속의 애벌레(세모배매미)

땅 위로 올라온 종령 애벌레(참깽깽매미)

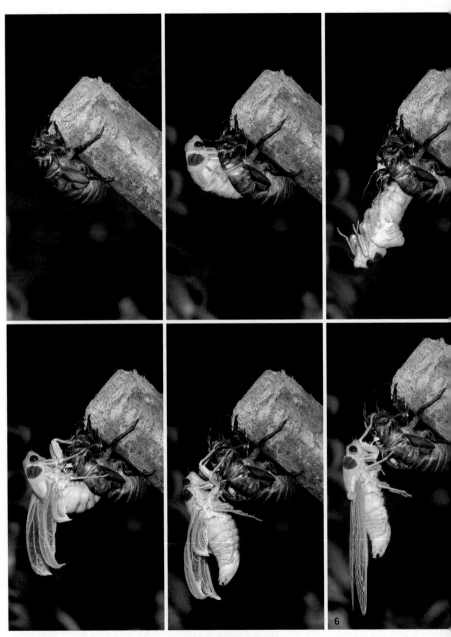

날개돋이 과정(참깽깽매미)

몸이 다 마르며 드러난 본연의 색깔(참깽깽매미)

탈피각

풀매미
Tettigetta isshikii

세모배매미
Cicadetta abscondita

호좀매미
Kosemia yezoensis

털매미
Platypleura kaempferi

늦털매미
Suisha coreana

소요산매미
Leptosemia takanonis

애매미
Meimuna opalifera

쓰름매미
Meimuna mongolica

참매미
Hyalessa fuscata

유지매미
Graptopsaltria nigrofuscata

참깽깽매미
Auritibicen intermedius

말매미
Cryptotympana atrata

사진은 실제 크기

암수 탈피각 구별

탈피각의 배 끝에 있는 생식기 모양으로 암수 구별이 가능하며, 이는 어른 벌레에서도 마찬가지다.

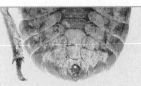

탈피각. 말매미 수컷(왼쪽)과 암컷(오른쪽)

매미아과와 좀매미아과의 날개돋이 시간대

매미는 땅속에서 탈출해 날개돋이 과정을 거쳐 어른벌레가 된다. 매미아과는 오후 6시부터 밤 12시 사이에 진행되며, 밤 8~10시 사이에 가장 많이 날개돋이한다. 좀매미아과는 이와 정반대로 오전에 진행되며, 세모배매미와 호좀매미는 오전 10시부터 오후 1시 사이에, 풀매미는 이보다 1시간 빠른 오전 9시부터 오후 1시 사이에 진행된다.

매미아과는 날개돋이에 2시간 이상이 걸리고 몸이 완전히 마를 때까지 수 시간이 걸리는 반면, 좀매미아과는 그 절반인 1시간 정도면 날개돋이가 완료되고 몸도 빠르게 말라서 그 장소를 신속하게 벗어난다. 낮에 날개돋이하는 만큼 천적에게 노출될 가능성이 높아서인 것으로 보이며, 이것이 생존에 유리하게 작용하는 것 같다. 간혹 매미아과의 종이 낮에 그늘진 장소나 구름이 끼어 흐릴 때 날개돋이하는 경우도 보인다.

풀잎 뒷면에서 날개돋이를 마치고 몸을 말리는 풀매미 암컷. 강원 영월 북면. 2015.05.28. 11시 55분.

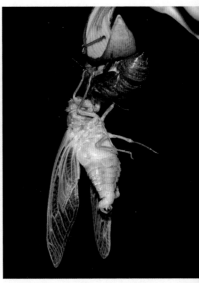

풀줄기에서 날개돋이를 마치고 몸을 말리는 세모배매미 수컷.
강원 평창 대화면. 2015.05.26. 11시 12분.

원추리 꽃잎에서 날개돋이를 마치고 몸을 말리는 참매미
서울 송파 풍납동. 2016.07.09.

날씨가 흐린 날 오전에 날개돋이하는 늦털매미 암컷.
경기 이천 부발읍. 2012.09.18. 11시 55분.

어두운 숲 속에서 오후에 날개돋이를 마치고 몸을
말리는 참깽깽매미 암컷.
경기 양평 중미산. 2012.09.02. 14시 17분.

날씨가 흐린 날 오후에 날개돋이를 마치고 날개를 펴는 말매미 암컷. 충북 청주 서원 산남동.
2016.07.02. 16시 31분.

종별 나타나는 시기

	4월			5월			6월			7월			8월			9월			10월			11월		
	초순	중순	하순	초순	중순	하순	초순	중순	하순	초순	중순	하순	초순	중순	하순	초순	중순	하순	초순	중순	하순	초순	중순	하순
털매미					○	○	◎	◎	◎	●	●	◎	○	○	○	○	○							
늦털매미																◎	◎	●	●	●	◎	◎	◎	○
참깨깨매미										○	◎	●	●	●	●	◎	○	○	○					
말매미								○	○	◎	◎	●	●	●	◎	◎	◎	◎	○	○	○			
유지매미										○	○	◎	●	●	●	◎	○	○						
참매미									○	○	◎	●	●	●	●	◎	◎	○	○					
소요산매미						○	◎	●	●	●	◎	○	○											
쓰름매미										○	○	◎	●	●	●	◎	○	○						
애매미										○	○	◎	●	●	●	◎	○	○	○	○	○			
세모배매미		○	○	○	◎	●	●	◎	◎	○	○	○												
호좀매미										○	○	◎	●	●	◎	○	○							
풀매미					○	◎	●	●	●	●	◎	◎	○	○	○									

○ 개체수 적음　◎ 개체수 보통　● 개체수 많음

매미 서식 해발고도

	털매미	늦털매미	참깨깨매미	말매미	유지매미	참매미	소요산매미	쓰름매미	애매미	세모배매미	호좀매미	풀매미
1,700m												
1,600m												
1,500m												
1,400m												
1,300m												
1,200m												
1,100m												
1,000m												
900m												
800m												
700m												
600m												
500m												
450m												
400m												
350m												
300m												
250m												
200m												
150m												
100m												
50m												
10m												
0m												

* 말매미 서식 해발고도 붉은색: 한반도 내륙에서는 평지부터 해발고도 350m 저산지까지 서식하는 반면, 제주도 서식 개체는 한라산 자락에 위치한 해발고도 600m 오름에도 분포한다.

우리나라 매미의 형태와 생태

털매미

Platypleura kaempferi (Fabricius, 1794)

몸길이 수컷 22㎜ 내외, 암컷 21㎜ 내외
날개 끝까지 길이 수컷 35㎜ 내외, 암컷 36㎜ 내외
나타나는 때 5월 말~9월 중순

형태 앞날개에는 투명한 부분, 검은색, 흰색이 얼룩무늬처럼 섞여 있고, 뒷날개는 전체적으로 검은색을 띠며 테두리는 투명하다. 날개돋이한 지 얼마 안 된 개체는 날개를 포함한 몸 전체에 짧은 털이 있다. 몸은 전체적으로 검고 앞가슴등판은 녹색이며, 가운데가슴등판에는 녹색과 주황색이 섞인 W자 무늬가 있다. 날개맥은 녹색이고 아랫면은 흰색 가루로 덮여 있다. 간혹 앞가슴등판과 가운데가슴등판, 날개맥 등이 전체적으로 주황색인 개체도 보인다.

생태 한반도 섬과 내륙 전역의 평지와 산지에 고루 분포한다. 맑은 날, 흐린 날, 오전과 오후를 가리지 않고 잘 울며, 심지어 해 뜨기 시작하는 오전 5시 무렵이나 어둑해진 저녁 8시 즈음에 울기도 한다. 몸 전체에 보호색을 띠고 있어서 우는 곳으로 다가가 찾아보아도 눈에 잘 띄지 않으며, 실제로 우는 곳과 전혀 다른 곳에서 울음소리가 들리는 듯해서 위치 파악이 어렵다. 특히 소나무에 앉아 있으면 나뭇껍질과 헷갈려서 찾아내기가 어렵다. 암컷은 주로 가느다란 죽은 나뭇가지에 알을 낳는다. 날개돋이하려고 땅 위로 올라온 종령 애벌레는 손으로 건드리면 죽은 척했다가 안전한 것을 확인하면 다시 움직이는 습성이 있으며, 대부분 땅에서 1m 내외인 낮은 곳에서 날개돋이한다.

수컷. 충북 제천 청풍면. 2014.07.10.

수컷. 충북 제천 청풍면. 2014.07.10.

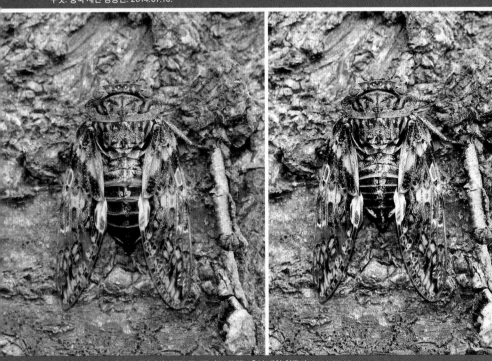

울음 구간에 따라 배가 늘어났다가(왼쪽) 줄어든다(오른쪽). 충북 제천 청풍면. 2014.07.10.

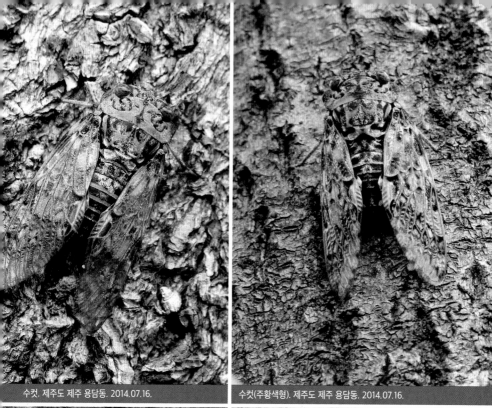

수컷. 제주도 제주 용담동. 2014.07.16.

수컷(주황색형). 제주도 제주 용담동. 2014.07.16.

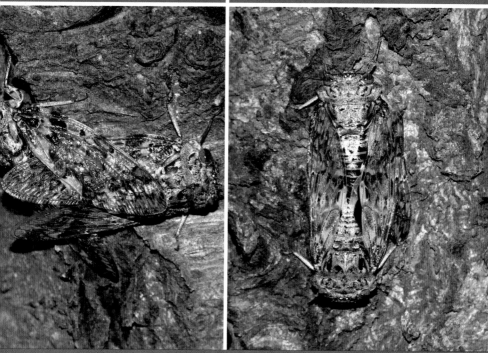

짝짓기할 때 처음에는 V자 자세였다가 시간이 지나면 I자 자세로 바뀐다. 서울 송파 풍납동. 2013.07.22.

죽은 벚나무의 가느다란 가지에 산란관을 꽂고 알을 낳는 암컷. 충북 제천 강제동. 2010.07.21.

나무 기둥을 오르는 종령 애벌레.
충북 청주 서원 수곡동. 2016.07.14.

손을 대자 죽은 척하는 종령 애벌레.
충북 청주 서원 수곡동. 2016.07.14.

날개돋이를 마치고 몸을 말리는 암컷.
서울 송파 풍납동. 2013.07.22.

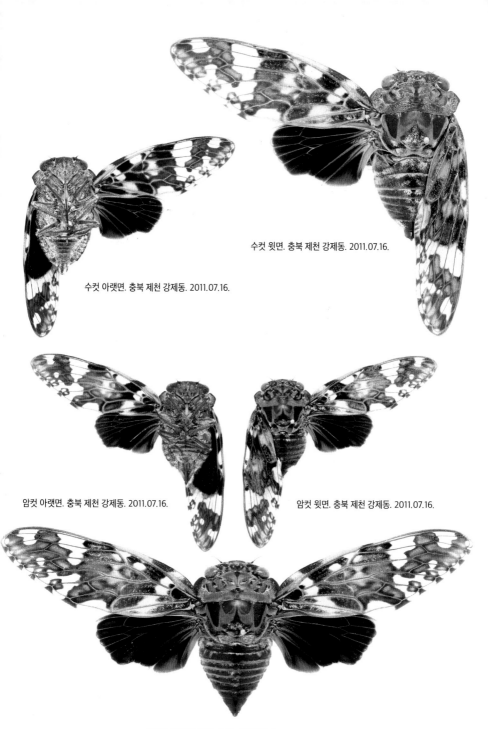

수컷 윗면. 충북 제천 강제동. 2011.07.16.

수컷 아랫면. 충북 제천 강제동. 2011.07.16.

암컷 아랫면. 충북 제천 강제동. 2011.07.16.

암컷 윗면. 충북 제천 강제동. 2011.07.16.

암컷(주황색형) 윗면. 충북 제천 청풍면. 2012.07.09.

27

늦털매미

Suisha coreana (Matsumura, 1927)

몸길이 암수 모두 22㎜ 내외
날개 끝까지 길이 수컷 35㎜ 내외, 암컷 38㎜ 내외
나타나는 때 8월 하순~11월 초순

형태 털매미와 매우 비슷하게 생겼지만 털매미보다 몸통이 훨씬 두껍고 둥글며 앞날개 기부 외연이 둥글게 돌출되었다. 앞날개에는 투명한 부분과 검은색 및 흰색이 얼룩무늬처럼 섞여 있고, 뒷날개는 전체적으로 주황색이며 바깥쪽은 검고 테두리는 투명하다. 날개돋이한 지 얼마 안 된 개체는 날개와 몸 전체에 털매미의 것보다 훨씬 긴 털이 나 있다. 몸은 전체적으로 검고 앞가슴등판과 가운데가슴등판의 W자 무늬 및 날개맥은 녹색이다. 털매미와 마찬가지로 몸 색깔이 주황색인 이색형 개체가 관찰되기도 한다. 날개는 다른 매미에 비해 매우 부드럽고 유연하며, 몸에 난 긴 털은 수컷보다는 암컷에서 훨씬 길고 밀도가 높다. 날개돋이한 지 얼마 안 된 개체는 몸에 난 긴 털 때문에 가운데가슴등판의 무늬가 보이지 않지만 날개돋이한 지 오래되었거나 사람이 손으로 만져서 긴 털이 벗겨지면 광택이 드러나고 W자 무늬도 선명하게 보인다.

생태 한반도 전역의 산지와 평지에 고루 분포한다. 수컷은 주로 서식지 나무의 높은 곳에 앉아 울고, 암컷은 나무의 낮은 곳에 잘 앉으며 자작나무, 버드나무, 가래나무, 참나무 종류를 선호한다. 산지부터 발생해 서서히 평지에도 나타나며 남한의 북부 지역에서는 날씨가 선선해지는 8월 하순에 처음 나타나지만, 남부 지역으로 내려갈수록 나타나는 시기와 사라지는 시기가 점점 늦어진다. 내한성이 강해서 밤 기온이 영상 10℃ 이하로 떨어져도 잘 버틴다. 어둑해지는 저녁 시간에는 낮과 달리 "찌이——"하는 연속음으로 울어댄다. 낮은 곳에 앉은 암컷은 인기척에 그리 민감하지 않지만, 울고 있는 수컷은 민감해서 사람이 접근하면 울음을 멈추거나 다른 곳으로 날아간다. 종령 애벌레는 털매미 종령 애벌레와 마찬가지로 지상에서

1m 내외인 낮은 곳에서 대부분 날개돋이를 하며 손으로 건드리면 죽은 척했다가 안전한 것을 확인하면 다시 움직이는 습성이 있다. 갓 날개돋이하고 몸을 말리는 어른벌레의 몸에서는 특이하게도 밝은 갈색과 녹색이 보인다. 암컷은 주로 가느다란 죽은 나뭇가지에 알을 낳는다.

수컷. 충남 예산 가야산 원효봉. 2016.09.23.

벚나무에 앉아 우는 수컷. 경기 광주 퇴촌면. 2012.09.25.

암컷.
충북 제천 왕암동. 2013.09.28.

참나무 종류에 앉아 있는 어른벌레.
충북 제천 의림지. 2013.09.25.

울고 있는 수컷. 충북 제천 왕암동. 2013.09.28.

오후에 날개돋이를 마치고 몸을 말리는 암컷. 경기 이천 해룡산. 2011.09.24. 16시 36분.

날개돋이를 하려고 나무를 기어오르는 종령 애벌레.
경기 이천 부발읍. 2012.09.09.

날개돋이하는 수컷.
경기 이천 부발읍. 2012.09.10.

날개돋이를 마치고 날개를 펴는 암컷. 충북 청주 서원 미평동. 2016.09.23.

날개돋이를 마치고 몸을 말리는 어른벌레(몸이 마르기 전 몸 색깔이 밝은 갈색을 띤다). 경기 이천 부발읍. 2012.09.10.

날개돋이를 마치고 몸을 말리는 어른벌레(몸이 마르기 전 몸 색깔이 녹색을 띤다). 경기 이천 부발읍. 2012.09.15.

수컷 윗면. 경기 이천 해룡산. 2011.09.24.

수컷 아랫면. 경기 이천 해룡산. 2011.09.24.

암컷 윗면. 경기 이천 해룡산. 2011.09.24.

암컷 아랫면. 경기 이천 해룡산. 2011.09.24.

참깽깽매미

Auritibicen intermedius (Mori, 1931)

몸길이 암수 모두 35㎜ 내외
날개 끝까지 길이 수컷 53㎜ 내외, 암컷 55㎜ 내외
나타나는 때 7월 초순~10월 초

형태 우리나라 매미 중에서 무늬와 색깔이 가장 화려하다. 몸은 전체적으로 검은색
이며 앞가슴등판 한가운데 세로 줄무늬가 있고 가운데가슴등판에는 W자 무늬가
있으며 X자 융기는 노란색을 띤다. 앞가슴등판과 가운데가슴등판 무늬의 발달 정
도는 개체마다 차이가 있다. 배 윗면에는 세로로 흰 점무늬가 두 줄 있고, 암수 모
두 배 끝마디에 흰색 테두리가 둘렸으며, 배 아래쪽은 흰 가루로 덮여 있다. 앞날개
기부는 녹색이며 뒷날개 기부는 주황색이다. 경기 연천 고대산과 남양주 천마산,
경남 합천 가야산에서는 몸은 밝은 갈색이고 가운데가슴등판의 W자 무늬가 없으
며, 그 자리에 왕관 무늬가 있는 백화형(알비노) 개체가 드물게 보이며, 강원 평창
오대산에서는 몸 색깔이 녹색인 개체가 발견된 적이 있다. 일본의 깽깽매미속에서
도 흑화형, 백화형, 녹색형 개체가 보고되고 있다.

생태 한지성으로, 한반도 중부 지역과 북부 지역에서는 산 정상의 해발고도가
600m 이상인 고산지대의 산 중턱 이상부터 정상 사이에 서식하며, 평지의 해발고
도가 높은 강원도에서는 어디에서나 울음소리를 들을 수 있고 개체수도 많은 편이
다. 중부이남 지역은 남쪽으로 내려갈수록 해발고도가 더 높은 산에 올라가야 볼
수 있다. 소나무, 참나무 종류, 전나무 꼭대기의 잔가지에서 특이하게도 머리를 굵
은 줄기 쪽이나 땅을 향하고 앉아 울며 한 자리에서 쉽게 떠나지 않는다. 맑은 날,
햇빛이 산을 에워싸는 오전 8~9시부터 울며 주로 오전에 많이 울고, 오후 3시 이후
에는 거의 울지 않지만, 4시경에 간혹 한 마리가 우는 것을 볼 수 있다. 구름이 끼
고 흐린 날에는 울지 않지만, 예외적으로 정오 즈음에 울기도 한다. 울음소리는 처
음에는 약하게 시작해 점점 커지며, 최대 음량으로 오랫동안 울다가 갑자기 뚝 그

친다. 울다가 놀라면 비명소리를 내며 날갯짓도 제대로 하지 못하고 땅으로 떨어지는 경우가 있다. 그래서인지 서식밀도가 높은 강원 평창 운두령에서는 아스팔트 도로 위를 기어 다니는 개체를 심심치 않게 볼 수 있다. 그리고 울고 있는 곳으로 사람이 접근하면 울음을 멈추거나 머리를 땅 쪽으로 향하고 나무 아랫방향으로 기어 내려오면서 "기—이익, 기—이익"하는 경고음을 낸다.

다른 매미에 비해 행동이 민첩하지 못해서 천적인 새의 공격에 취약한 편이다. 물까치, 곤줄박이, 박새 등에게 포식당하는 장면을 흔히 보았으며, 수풀이 우거진 낮은 곳에서 우는 개체를 보면 새에게 공격을 당해서 날개나 다리를 잃은 경우가 대부분이다. 처서가 지나 선선해지면 산기슭까지 내려와서 우는 개체도 볼 수 있다. 암컷은 죽은 나무의 가느다란 가지에 알을 낳는다. 종령 애벌레가 땅 위로 나오는 시간은 오후 5시부터 밤 12시 사이이며, 밤 8~10시 사이에 가장 많이 날개돋이를 한다. 키 높은 나무에서는 지상으로부터 10m 지점의 가지에서, 낮은 나무를 선택했을 때는 꼭대기 부분의 가지나 나뭇잎에서 날개돋이를 한다.

우리나라에서는 유일하게 모리(Mori, 1931)가 전남 백암산에서 채집했다는 깽깽매미(*Auritibicen japonicus*)는 라벨 혼동으로 잘못 기록된 것으로 취급되어 한국의 매미 목록에서 제외되었다. 그 후의 한국산 깽깽매미 기록은 모두 참깽깽매미의 오동정으로 확인되었다(Lee, 2008).

사람이 접근하자 경고음을 내며 거꾸로 내려온 수컷. 경기 연천 고대산. 2015.08.06.

37

암컷. 경기 연천 고대산. 2015.08.19.

수컷(백화형). 경기 연천 고대산. 2012.08.17.

나뭇가지에 거꾸로 앉아 우는 수컷. 경기 남양주 천마산. 2016.08.10.

머리를 굵은 줄기 쪽으로 향하고 우는 수컷. 경기 연천 주라이등. 2015.08.07.

수컷(녹색형).
강원 평창 오대산. 2013.07.20.

새에게 공격당해서 왼쪽 앞다리와 오른쪽 날개를 잃고 땅바닥에
떨어진 수컷. 강원 평창 속사리. 2012.07.25.

V자 자세로 짝짓기 중인 한 쌍. 충북 보은 구병산 신선대. 2016.08.24.

소나무 수액을 빠는 수컷. 전북 완주 대둔산. 2016.08.20.

서식지 전경. 충남 금산 서대산. 2016.08.16.

날개돋이를 하려고 나무를 기어오르는 종령 애벌레.
강원 평창 오대산. 2013.07.20.

날개돋이하는 수컷.
강원 평창 오대산. 2013.07.20.

날개돋이를 마치고 몸을 말리는 수컷.
강원 평창 오대산. 2013.07.20.

단풍잎 뒷면에서 날개돋이를 마치고 몸을 말리는 수컷.
강원 평창 오대산. 2013.07.20.

말매미

Cryptotympana atrata (Fabricius, 1775)

몸길이 암수 모두 41㎜ 내외
날개 끝까지 길이 암수 모두 65㎜ 내외
나타나는 때 6월 중순~10월 중순

형태 우리나라 매미 중에서 몸집이 가장 크다. 몸은 전체적으로 검은색이며, 날개 돋이한 지 얼마 안 된 개체는 윗면이 금색 가루로 뒤덮여 있으나, 날개돋이한 지 오래되었거나 사람이 만지면 금색 가루가 벗겨지고 광택 있는 검은색이 드러난다. 다리마디와 아랫면에는 주황색 무늬가 있고, 날개 기부는 검은색이며 날개맥은 녹색이다.

생태 남방계로 한반도 남부 지역과 제주도 및 서해안의 섬에 주로 분포하며, 산지나 강원도의 해발고도가 높은 지역을 제외한 한반도 거의 모든 평지에 서식한다. 여름에 열섬현상이 극심한 대도시에는 높은 기온을 좋아하고 적응력이 뛰어난 말매미가 다른 매미들보다 많아서 매해 여름 대량 발생하는 것을 볼 수 있다. 키 높은 나무의 가지 끝에 주로 앉으나 개체수가 많은 곳에서는 나무의 밑동에 다다닥 붙는 경우도 흔하며, 한 자리에서 잘 떠나지 않는다. 날씨가 맑고, 조도가 높은 날에 매우 우렁차게 울며 한 마리가 울면 주변 개체들이 동시다발적으로 운다. 흐리고 기온이 낮은 날에는 거의 울지 않는다. 열대야가 심한 대도시에서는 야간에 밝은 가로등 불빛 아래에서 우는 경우도 많다. 수컷은 울음소리를 낼 때, 배를 위로 올려서 배딱지와 복부 사이가 벌어지게 해 울음소리가 잘 퍼지도록 한다. 이때, 날개는 자연스럽게 양 옆으로 벌어진다. 울음소리는 보통 작게 시작해 소리가 점점 커지지만, 암컷이나 사람이 가까이 접근하면 울음소리를 작게 시작하다가 갑자기 음량을 최대로 올리면서 생식기를 밖으로 돌출시키고 후진으로 나무 밑동까지 내려오기도 한다.

느티나무, 벚나무, 버드나무, 양버즘나무, 은사시나무, 물푸레나무 등을 선호하며, 과수 농가에 발생하는 경우에는 살아 있는 가느다란 가지나 과실에 산란해 피해를 입힌다. 알은 이듬해 6월 하순 무렵에 부화해 애벌레가 된다. 어른벌레는 6월 중순에 첫 출현해 7월 하순~8월 중순에 개체수가 가장 많고, 8월 하순에 낮 최고기온이 조금씩 떨어지면서 개체수도 점점 감소한다. 남방계이지만 생존력이 강해 서늘해지는 10월 중순까지도 소수 개체의 울음소리를 들을 수 있다. 종령 애벌레는 키 높은 나무에서는 사람 키의 두 배 이상 되는 지점의 가지나 잎에서 주로 날개돋이를 하지만 나무 밑동에서 날개돋이를 하는 개체도 있다. 짝짓기 유지시간은 30분 내외다. 한반도 내륙에서는 평지부터 해발고도 350m 저산지까지 서식하는 반면, 제주도에서는 한라산 자락에 위치한 해발고도 600m 오름에도 분포한다.

느티나무 즙을 빨며 우는 수컷. 충북 청주 서원 수곡동. 2014.08.09.

버드나무 수액을 빠는 수컷
충북 청주 서원 사직동. 2016.07.26.

벚나무에 앉은 암컷. 막 날개돋이를 끝낸 개체로 온몸이 황금빛
가루로 뒤덮여 있다. 서울 송파 풍납동. 2011.08.02.

울지 않을 때(왼쪽)와 울 때(오른쪽)의 수컷. 충북 청주 서원 수곡동. 2014.08.09.

느티나무 한 그루에 여러 마리가 앉아 있다. 충북 청주 서원 수곡동. 2014.08.09.

V자 자세로 짝짓기 중인 한 쌍과 다른 암컷. 충북 청주 서원 산남동. 2016.08.01.

살아 있는 뽕나무의 가느다란 가지에 산란관을 꽂고 알을 낳는 암컷. 충북 청주 서원 사직동. 2016.07.26.

알 낳은 흔적.
충북 청주 서원 산남동. 2016.08.27.

말매미 산란으로 인해 물푸레나무 가지가 말라 죽었다.
충북 청주 서원 산남동. 2016.08.27.

산란한 나뭇가지를 반으로 갈라 보니 안에 알이 가지런하게
들어 있다.

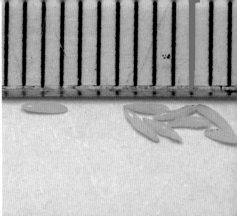

알은 길쭉한 쌀 모양이며, 길이는 2㎜ 내외다.

땅 위로 올라온 종령 애벌레. 서울 송파 풍납동. 2013.07.22.

날개돋이를 하려고 나무를 기어오르는 종령 애벌레.
서울 송파 풍납동. 2012.07.31.

날개돋이를 마치고 몸을 말리는 수컷.
서울 송파 풍납동. 2013.07.22.

날개돋이하는 암컷.
서울 송파 풍납동. 2013.07.22.

탈피각에서 꼬리를 빼내는 암컷.
서울 송파 풍납동. 2012.07.31.

날개돋이를 마치고 몸을 말리는 암컷. 충북 청주 서원 수곡동. 2016.07.14.

날개돋이하다가 기력을 소진해 죽은 어른벌레.
충북 청주 상당 영동. 2016.07.26.

날개돋이하다가 일본왕개미의 습격을 받아 죽은 종령 애벌레.
충북 제천 봉양읍. 2013.08.01.

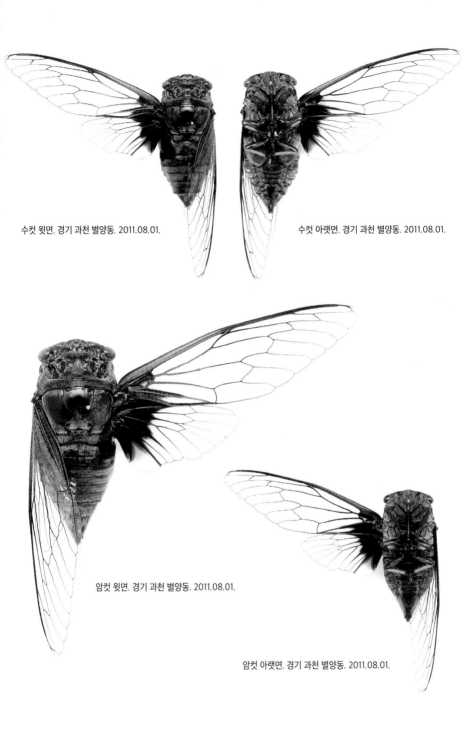

수컷 윗면. 경기 과천 별양동. 2011.08.01.

수컷 아랫면. 경기 과천 별양동. 2011.08.01.

암컷 윗면. 경기 과천 별양동. 2011.08.01.

암컷 아랫면. 경기 과천 별양동. 2011.08.01.

유지매미

Graptopsaltria nigrofuscata (Motschulsky, 1866)

몸길이 암수 모두 35㎜ 내외
날개 끝까지 길이 수컷 55㎜ 내외, 암컷 58㎜ 내외
나타나는 때 7월 초순~9월 중순

형태 우리나라 매미 중 유일하게 날개 전체가 불투명하다. 날개는 갈색 바탕에 검은 무늬가 있으며, 날개맥은 녹색이다. 몸은 전체적으로 검은색이고 가운데가슴등판과 X자 융기 사이, 배 위쪽과 아래쪽에 흰색 가루가 덮여 있다.

생태 주로 산기슭이나 낮은 산지와 평지에 서식하나, 예외적으로 해발고도 800~900m인 높은 산에서도 소수 개체가 보인다. 햇볕이 뜨겁게 내리쬐는 낮에는 대부분 나무에 가만히 앉아 있다가 늦은 오후에 활동하지만 개체수가 매우 많은 곳에서는 오전과 오후 가리지 않고 활발하게 운다. 한 번 울고 나면 바로 다른 곳으로 날아가기를 반복하나, 해질 무렵에는 한 곳에 자리 잡고 두어 곡 이상 계속 연결해 울기도 한다. 날개가 불투명해 멀리서 날아가는 모습을 보면 몸집이 큰 나방으로 착각하기 쉽다. 채집해 손으로 잡으면 다리를 서로 꼬아서 죽은 시늉을 하기도 한다. 암컷은 나무껍질에 알을 낳으며, 종령 애벌레는 키 높은 나무의 사람 키 두 배 이상 되는 지점의 가지나 잎에서 주로 날개돋이를 하며, 10m 지점에서 날개돋이하는 개체도 있다.

암컷. 충북 제천 의림지. 2014.08.30.

울고 있는 수컷. 전북 완주 대둔산. 2016.08.02.

소나무에 앉은 수컷. 경기 과천 별양동. 2011.08.01.

수컷. 충북 제천 봉양읍. 2011.08.07.

수컷. 충북 제천 봉양읍. 2013.08.01.

나뭇잎에 앉아 우는 수컷. 충북 제천 봉양읍. 2013.08.01.

버드나무 껍질에 산란관을 꽂고 알을 낳는 암컷. 충북 제천 봉양읍. 2013.08.01.

날개돋이를 마치고 몸을 말리는 어른벌레. 서울 노원 중계동. 2016.07.18.

다리를 꼬고 죽은 척하는 암컷. 충북 제천 의림지. 2014.08.30.

날개돋이에 실패해 날개가 위로 말린 어른벌레. 충북 제천 봉양읍. 2013.08.01.

수컷 윗면. 경기 과천 별양동. 2011.08.01.

수컷 아랫면. 경기 과천 별양동. 2011.08.01.

암컷 윗면. 경기 과천 별양동. 2011.08.01.

암컷 아랫면. 경기 과천 별양동. 2011.08.01.

참매미

Hyalessa fuscata (Distant, 1905)

몸길이 암수 모두 33㎜ 내외
날개 끝까지 길이 수컷 56㎜ 내외, 암컷 60㎜ 내외
나타나는 때 6월 하순~9월 하순

형태 몸 바탕은 검은색이고, 앞가슴등판과 가운데가슴등판까지는 녹색 점무늬가 있으며, X자 융기와 배 윗면은 흰색 가루로 덮여 있다. 앞가슴등판과 가운데가슴등 판은 녹색 점무늬가 고루 잘 발달한 개체부터 녹색 점무늬가 거의 없는 개체까지 폭 넓게 보이며, 서해안 바닷가와 섬에서는 특이하게도 앞가슴등판과 가운데가슴 등판의 녹색 점무늬가 모두 사라지고 몸 색깔이 연두색인 이색형 개체와 녹색 점 무늬 대신 갈색 점무늬가 있는 개체도 보인다. 연두색형은 대부분 서해안의 간척 지를 중심으로 서식하며 서해안과 가까운 경기 서쪽 내륙 도심에서도 보인다. 참 매미와 근연종인 일본의 민민매미(*Hyalessa maculaticollis*)에서도 연두색형 개체 가 보고되고 있다.

생태 한반도 전역의 평지와 산을 가리지 않고 넓게 분포하며 나무의 높은 곳과 낮 은 곳도 가리지 않고 잘 앉는다. 어른벌레는 오전 5시경부터 울기 시작하며 다른 어느 시간대보다 해가 떠오르기 시작하는 맑은 날 아침에 많이 운다. 보통 한번 울 고 바로 다른 곳으로 날아가지만, 암컷이나 다른 수컷이 옆에 있으면 계속 울면서 옆에 있는 매미에게 접근한다. 그리고 한 나무에서 한 마리가 울면 그 나무에서 울 지 않고 있던 다른 수컷이 자신의 영역임을 알리는 "끄으——"하는 경고음을 낸다. 암컷은 죽은 나무의 가느다란 가지나 껍질에 산란관을 꽂고 알을 낳는다. 종령 애 벌레는 키 높은 나무에서는 사람 키의 두 배 이상 되는 지점의 가지나 잎에서 주로 날개돋이를 하지만 나무 밑동에서 날개돋이하는 개체도 있다. 짝짓기 유지시간은 30분 내외다.

최근에는 한국과 중국 동북 지역, 극동 러시아까지 분포하는 참매미가 일본의 민민매미(*Hyalessa maculaticollis*)와 울음소리만 다른 같은 종일 거라는 주장도 제기되었다.

수액을 빠는 암컷. 충북 제천 봉양읍. 2011.08.07.

수컷.
충북 제천 모산동. 2013.08.01.

가운데가슴등판의 무늬가 독특한 암컷.
서울 송파 잠실동. 2012.07.31.

수액을 빠는 수컷(연두색형). 인천 영종도. 2012.08.01.

V자 자세로 짝짓기 중인 한 쌍과 다른 암컷. 충북 제천 모산동. 2013.08.01.

암컷(연두색형). 인천 영종도. 2012.08.01.

수컷(연두색형). 인천 영종도. 2012.08.01.

수컷 배 윗면에 매미기생나방 애벌레가 기생한다. 충북 제천 금성면. 2013.08.13.

땅 위로 올라온 종령 애벌레.
서울 송파 풍납동. 2013.07.22.

나뭇잎 아랫면에서 날개돋이하는 수컷.
충북 청주 서원 수곡동. 2016.07.18.

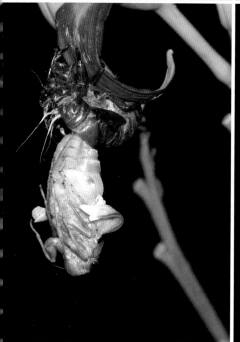

원추리 꽃잎에서 날개돋이하는 수컷.
서울 송파 풍납동. 2016.07.09.

원추리 꽃대에서 날개돋이를 마치고 날개를 펴는 암컷.
서울 송파 풍납동. 2016.07.09.

소요산매미

Leptosemia takanonis Matsumura, 1917

몸길이 수컷 27㎜ 내외, 암컷 20㎜ 내외
날개 끝까지 길이 수컷 37㎜ 내외, 암컷 35㎜ 내외
나타나는 때 6월 초~8월 중순

형태 몸 바탕은 녹색이며 앞가슴등판과 가운데가슴등판에는 검은색과 갈색으로 이루어진 무늬가 있다. 배는 전체적으로 황갈색을 띠며 암수 모두 배 끝마디에는 검은색이 둘렸다. 수컷의 배는 속이 훤히 들여다보이는 부레형이며 개체마다 몸길이의 차이가 심하고, 암컷은 우리나라 매미아과 중에서 몸길이가 가장 짧지만 날개 끝까지 길이는 수컷과 비슷하다. 수컷은 진동막덮개가 진동막을 반 정도만 가리며, 배딱지는 우리나라 매미아과 중에서 가장 작고 특이하게도 좌우로 멀리 떨어져 있다. 날개돋이한 지 얼마 안 된 개체는 몸이 금빛 가루로 덮여 있다.

생태 평지보다는 주로 낮은 산지부터 해발고도 600m 사이의 산지에 많으며 충북 단양 소백산 정상부 능선의 해발고도 1,400m 부근에서도 확인했다. 관찰한 지역 중에서는 강원 영월 쌍용리의 서식밀도가 매우 높았으며, 7월 초순에 개체수가 절정에 이르다가 7월 중순에 갑자기 사라졌다. 아마도 개체수가 많은 만큼 짝짓기와 산란이 빠르게 진행되어 다른 지역보다 일찍 사라진 것으로 보인다. 암컷은 키가 지상에서 1m 내외로 낮은 죽은 나무의 가지에 알을 낳는다. 날개돋이는 낮은 풀잎이나 2m 이하 낮은 곳에서 주로 이루어진다.

수컷. 강원 영월 쌍용리. 2014.06.26.

수컷. 충북 제천 청풍면. 2014.07.10.

수컷. 강원 영월 쌍용리. 2012.07.07.

암컷. 충북 제천 청풍면. 2014.07.10.

암컷. 충북 제천 청풍면. 2014.07.10.

속이 훤히 들여다보이는 수컷. 충북 제천 청풍면. 2014.07.10.

가시넝쿨에 앉아 우는 수컷. 충북 제천 청풍면. 2014.07.10.

V자 자세로 짝짓기 중인 한 쌍. 강원 영월 쌍용리. 2012.07.07.

죽은 나무의 가지에 알을 낳는 암컷. 충북 제천 청풍면. 2014.07.10.

어두운 숲 속에서 오전에 날개돋이를 마치고 몸을 말리는 암컷. 강원 영월 쌍용리. 2014.06.26. 11시 46분.

거미줄에 걸려 죽은 수컷. 강원 영월 쌍용리. 2014.06.26.

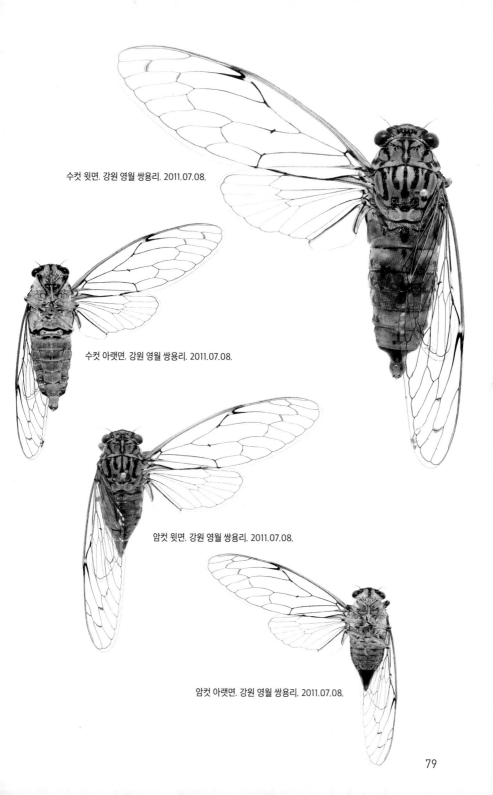

수컷 윗면. 강원 영월 쌍용리. 2011.07.08.

수컷 아랫면. 강원 영월 쌍용리. 2011.07.08.

암컷 윗면. 강원 영월 쌍용리. 2011.07.08.

암컷 아랫면. 강원 영월 쌍용리. 2011.07.08.

쓰름매미

Meimuna mongolica (Distant, 1881)

몸길이 수컷 31㎜ 내외, 암컷 30㎜ 내외
날개 끝까지 길이 수컷 47㎜ 내외, 암컷 46㎜ 내외
나타나는 때 7월 초순~9월 중순

형태 몸 바탕은 검은색이며 앞가슴등판과 가운데가슴등판에 녹색과 갈색으로 이루어진 무늬가 있다. 무늬는 애매미의 것보다 굵다. 날개돋이한 지 얼마 안 된 개체는 온몸이 은빛 가루로 덮여 있다. 수컷의 배딱지는 배 길이의 2/3를 차지하며, 아랫면은 흰색 가루로 덮여 있다. 암컷의 산란관은 애매미 암컷처럼 가늘고 길게 돌출되었다. 암수 모두 배 끝마디에 흰색 테두리가 둘렸고 배마디가 접히는 경계 부분은 하늘색을 띤다. 드물게 검은색 바탕에 무늬가 주황색인 이색형도 보인다.

생태 주변이 탁 트인 평지를 선호하며 해발고도가 높은 산에는 거의 서식하지 않는다. 주로 오전과 저녁 무렵에 많이 운다. 한 마리가 울면 주변에 있는 다른 수컷들도 따라 울며 "쓰-름"하는 울음소리의 주기를 일치시킨다. 한강과 인접한 서울아산병원의 그다지 넓지 않은 녹지에서 쓰름매미가 고밀도로 서식하는 것을 확인했으며, 저녁 8시 이후에도 주변에 있는 밝은 가로등 불빛 때문에 계속 우는 것을 관찰했다. 수종을 가리지 않고 잘 앉으며 인가에서는 전봇대나 건물 벽과 같은 인공 구조물에 앉기도 한다. 종령 애벌레는 저녁 6시부터 밤 12시 사이에 땅 위로 나오고, 밤 8~10시 사이에 가장 많이 날개돋이를 하며 대부분 2m 이하인 낮은 곳에서 이루어진다. 암컷은 주로 죽은 나뭇가지에 알을 낳는다.

수컷. 충북 제천 수산면. 2015.08.27.

물푸레나무에 앉은 암컷. 충북 제천 수산면. 2015.08.27.

수컷. 충북 제천 수산면. 2015.08.27.

물푸레나무의 수액을 빠는 수컷. 충북 제천 수산면. 2015.08.27.

암컷. 충북 제천 수산면. 2015.08.27.

벚나무 수액을 빠는 수컷.
충북 제천 금성면. 2013.08.21.

죽은 벚나무 가지에 산란관을 꽂고 알을 낳는 암컷.
충북 제천 금성면. 2013.08.21.

날개돋이를 마치고 몸을 말리는 암컷. 서울 송파 풍납동. 2016.07.09.

애매미

Meimuna opalifera (Walker, 1850)

몸길이 수컷 28㎜ 내외, 암컷 30㎜ 내외
날개 끝까지 길이 수컷 43㎜ 내외, 암컷 45㎜ 내외
나타나는 때 7월 초순~10월 중순

형태 몸 바탕은 검은색이며 앞가슴등판과 가운데가슴등판에는 녹색으로 이루어진 무늬가 있다. 간혹 몸 색깔이 갈색이나 주황색인 이색형도 보인다. 이마방패는 앞으로 돌출되었으며 날개돋이한 지 얼마 안 된 개체의 가운데가슴등판은 녹색 가루로, 배 윗면은 은빛 가루로 덮여 있다. 수컷의 배딱지는 마름모꼴이며, 암컷의 산란관은 가늘고 길다.

생태 한반도 전역에 분포하며 우리나라 어디에서나 가장 많이 보이는 매미다. 평지에서부터 높은 산까지 퍼져 있으며, 나무의 종류를 가리지 않고 잘 앉으며 인가에 서식하는 개체는 인공 구조물에도 잘 앉는다. 한 나무에서 한 마리가 울면 그 나무에서 울지 않던 다른 수컷이 자신의 영역임을 알리는 "찌이——"하는 경고음을 낸다. 밤에 가로등 불빛 아래로 온 개체를 쉽게 볼 수 있으며, 불빛으로 인해 낮으로 착각하고 우는 것도 자주 보인다. 우리나라 매미 중에서 가장 현란하게 울며, 새소리와 비교해도 손색이 없을 만큼 듣기 좋다. 암컷은 죽은 나무의 가느다란 가지에 알을 낳으며, 날개돋이는 2m 이하 낮은 곳에서 이루어진다.
　경북 울릉도의 애매미는 울음소리에 변이가 있다고 밝혀졌다(Yoon, 2012).

수컷. 충북 제천 봉양읍. 2011.08.07.

수컷. 충북 제천 교동. 2016.08.07.

수컷.
충남 태안 안면도. 2014.08.08.

암컷.
경기 이천 부발읍. 2012.07.29.

수액을 빠는 수컷.
충북 제천 수산면. 2014.08.23.

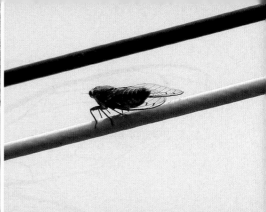

전깃줄에 앉아 우는 수컷.
충북 제천 교동. 2014.08.29.

청동상에 앉은 암컷.
충남 태안 안면도. 2014.08.08.

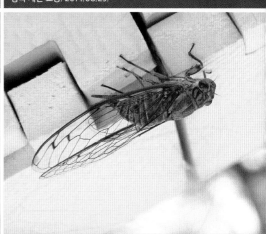

인공 구조물(매트)에 산란관을 꽂고 알을 낳는 암컷.
충북 제천 용두산. 2014.08.28.

탈피각.
경기 이천 부발읍. 2012.07.29.

갈색여치에게 포식당한 수컷.
경기 남양주 천마산. 2016.08.13.

세모배매미

Cicadetta abscondita Lee, 2008

몸길이 암수 모두 20㎜ 내외
날개 끝까지 길이 암수 모두 28㎜ 내외
나타나는 때 4월 하순~8월 초순

형태 배 윗면이 뾰족하게 솟았고, 횡단면이 세모꼴이다. 몸은 전체적으로 검은색이며, 다리마디와 배마디, 날개맥은 적갈색을 띠고, 가운데가슴등판에는 아무런 무늬가 없다. 겹눈은 검은색이며 몸 크기는 풀매미와 호좀매미의 중간 정도다. 수컷의 생식기관은 긴 원뿔모양이다.

생태 매미가 나타나기에는 다소 이른 4월 하순경부터 보인다. 강원도에서는 해발고도가 350~400m 이상인 산지, 경기도에서는 해발고도가 700~800m 이상인 산지에 서식하며, 해발고도가 1,000m 이상인 고산지대에서도 보인다. 울음소리가 너무 작고 생태가 특이해서 만나기 쉽지 않다. 세모배매미의 실체를 확인하기 위해 수년간 강원 평창 대화면 일대를 탐사한 결과, 많은 개체수가 서식하는 곳을 발견했다. 산 중턱, 해발고도 500m 부근에 키 큰 나무로 둘러싸이고 제초제를 뿌리지 않아 풀이 무성한 양지바른 무덤가로, 풀매미와 서식지가 겹치는 경우가 많으며, 주로 이 무덤가 주변의 키 큰 나무에서 우는 것을 확인했다.

여느 매미와는 달리 오전에는 거의 울지 않고, 오후 2시 이후부터 울며 늦은 오후와 해질 무렵, 그리고 구름이 많이 낀 흐린 날씨에는 오전과 오후 상관없이 더욱 활발하게 운다. 울음소리의 중심주파수는 13~14㎑인 고음이어서 청각이 민감한 사람이 아니면 듣기 어렵다. 한 곳에서 5회 내외로 울고, 울음소리를 내면서 다른 곳으로 날아간다. 키 큰 나무의 잎과 가지를 가리지 않고 앉으며, 특히 일본잎갈나무(낙엽송)와 소나무 잎에 잘 앉는다. 이따금 무덤가의 키 작은 나무와 풀에 앉기도 한다. 울다가 다른 곳으로 날아가는 이동거리는 10m 내외다.

매미아과의 종과는 달리 맑은 날 오전 10시에서 오후 1시 사이에 낮은 풀줄기에서 날개돋이를 한다. 또 특이하게도 암컷의 산란 시간이 정해져 있다. 맑은 날 오전 10시에서 오후 2시경까지 키 높은 나무에 있던 암컷들이 일제히 무덤가로 내려와서 주변의 키 작은 나무나 살아 있는 풀줄기, 주로 개망초와 꿩의다리에 알을 낳는다. 알을 낳은 암컷은 다시 키 큰 나무로 날아가며, 이 시간(오전 10시에서 오후 2시경) 외에는 무덤가로 내려오지 않는다. 짝짓기 과정도 매우 특이하다. 수컷이 울음소리를 내면 암컷이 울음소리에 반응해 날갯짓으로 소리를 내면서 수컷에게 자신의 존재를 알리고 수컷도 그 소리에 반응해 계속 울며 암컷에게 접근해 짝짓기한다(미국의 17년주기매미(*Magicicada septendecim*)도 이와 같은 방법으로 짝짓기한다). 짝짓기 유지시간은 4시간 내외로 상당히 길며, 그 사이에는 사람이 건드려도 절대 떨어지지 않는다.

그동안 이영준 박사가 발견한 세모배매미 서식지는 강원 인제 설악산과 가칠봉, 평창 계방산과 오대산 및 용평면 속사리였다. 그리고 현재까지 글쓴이가 확인한 강원도의 서식지는 평창 대화면과 용평면, 정선 정선읍과 민둥산, 영월 북면, 태백 대덕산과 검룡소, 횡성 안흥면, 화천 해산령과 광덕산, 춘천 배후령이며, 영월과 태백 이북에는 서식조건이 맞는 곳이라면 대부분 서식하는 것으로 보인다. 경기 포천 명성산과 연천 고대산에서도 서식을 확인했지만, 개체수는 강원도 서식지에 비해 매우 적은 편이다. 우리나라의 산은 개활지가 거의 없고 울창한 산림이 주를 이룬다. 따라서 개활지를 대신하는 무덤가는 세모배매미에게 매우 중요하다. 세모배매미의 명맥이 잘 유지되려면 오래된 무덤을 제초제 없이 잘 관리하는 것이 중요해 보인다.

우리나라의 세모배매미는 유럽 일부 지역에 분포하는 *Cicadetta montana*(Scopoli, 1772)와 같은 종으로 취급된 적이 있으나, 울음소리가 확연히 달라 별종으로 기재되었다(Lee, 2008).

개망초 줄기에 앉은 암컷. 강원 평창 대화면. 2012.06.07.

개망초 줄기에 앉은 수컷.
강원 평창 대화면. 2014.06.05.

개망초 줄기에 앉은 암컷. 날개돋이한 지 얼마 안 된 개체로 온몸이
황금빛 가루로 뒤덮여 있다. 강원 평창 대화면. 2014.06.05.

수컷.
강원 평창 대화면. 2014.06.05.

일본잎갈나무(낙엽송)에 앉은 수컷.
강원 평창 대화면. 2013.06.08.

V자 자세로 짝짓기 중인 한 쌍. 강원 평창 대화면. 2014.06.05.

새모래덩굴 잎에 앉은 암컷. 강원 평창 대화면. 2014.06.05.

꿩의다리 줄기에 산란관을 꽂고 알을 낳는 암컷.
강원 평창 대화면. 2012.06.22.

개망초 줄기에 남은 알 낳은 흔적.
강원 평창 대화면. 2014.06.06.

날개돋이를 마치고 몸을 말리는 수컷. 강원 평창 대화면. 2014.05.22. 12시 02분.

새모래덩굴 잎 뒷면에서 날개돋이를 마치고 몸을 말리는 수컷. 강원 평창 대화면. 2015.05.26. 11시 01분.

솜방망이 꽃에 앉은 당일 날개돋이한 수컷. 강원 평창 대화면. 2014.05.09.

날개돋이를 마치고 몸을 다 말린 암컷.
강원 평창 대화면. 2014.06.05.

날개돋이에 실패해 날지 못하는 암컷.
강원 평창 대화면. 2012.06.22.

풀로 뒤덮인 무덤가 서식지 전경. 강원 평창 대화면. 2012.06.22.

풀밭으로 이루어진 서식지 전경. 강원 정선 민둥산. 2014.06.18.

세모배매미 종령 애벌레가 만든 봉분 모양의 길쭉한 흙탑

종령 애벌레는 땅 위로 올라오기 전에 특이하게도 은신처 위로 길쭉한 흙탑을 쌓아 올린다. 흙탑을 어느 정도 쌓은 뒤에는 탑 맨 꼭대기에 미세한 구멍을 뚫고 밖의 기상상황을 확인해 날개돋이하기에 최적인 날에 나온다.

유럽의 *Cicadetta montana* (Scopoli, 1772)도 이와 같이 탑을 만든다.

은신처 위에 흙탑이 올라온 모양

위에서 내려다본 흙탑. 흙탑 꼭대기 한 가운데 미세한 구멍이 뚫려 있다.

흙탑을 제거한 모양. 종령 애벌레는 지하 은신처에 가운데다리를 이용해 걸쳐 있다가 인기척을 느끼면 다리에 힘을 풀고 은신처 바닥으로 떨어진다. 안전한지를 확인하면 다시 기어 올라온다.

흙탑을 제거하고 종령 애벌레의 은신처를 단면으로 자른 모양. 땅굴의 깊이는 10㎝ 내외다. 지하 은신처와 흙탑의 안쪽은 매우 반질반질하게 다듬어졌다.

종령 애벌레를 은신처에서 빼내니 바닥에는 낙엽이 깔려 있으며, 먹이를 얻기 편하게 풀이나 나무의 뿌리가 지나가는 곳을 은신처로 선택한 걸 알 수 있다.

흙탑에 큰 구멍이 뚫려 있는 것은 종령 애벌레가 이미 나온 것이다.

하루 전날에 흙탑을 제거했더니, 다음 날 훼손된 흙탑을 보수해 놓았다.

강원 평창 대화면. 2014.05.21.~22.

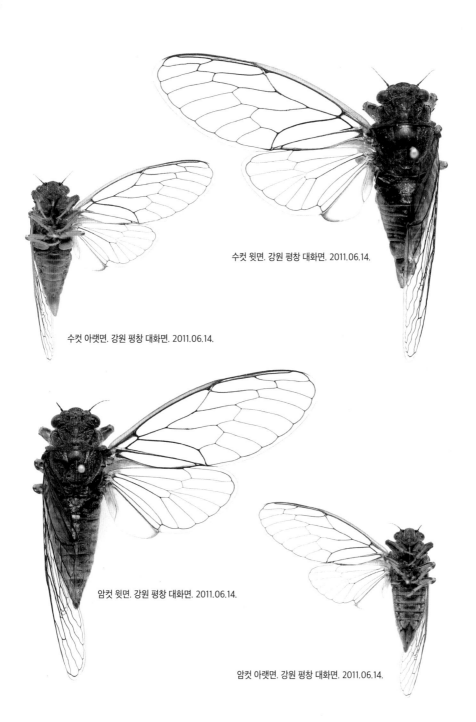

수컷 윗면. 강원 평창 대화면. 2011.06.14.

수컷 아랫면. 강원 평창 대화면. 2011.06.14.

암컷 윗면. 강원 평창 대화면. 2011.06.14.

암컷 아랫면. 강원 평창 대화면. 2011.06.14.

호좀매미

Kosemia yezoensis (Matsumura, 1898)

몸길이 수컷 23㎜ 내외, 암컷 25㎜ 내외
날개 끝까지 길이 암수 모두 35㎜ 내외
나타나는 때 7월 초순~9월 중순

형태 몸은 전체적으로 검은색이고 다리마디와 배마디, 날개맥에는 밝은 갈색 부분이 있다. 앞가슴등판 한가운데에 '!' (느낌표) 모양 노란 무늬가 있고, 가운데가슴등판에는 노란 점무늬가 두 개 있다. 앞가슴등판과 가운데가슴등판의 노란 무늬 발달 정도는 개체마다 차이가 있어서 무늬가 큰 개체부터 없는 개체까지 두루 보인다. 뒷날개의 위쪽이 접힌 모양을 옆에서 보면 같은 좀매미아과인 세모배매미나 풀매미보다 세모꼴 돌출이 매우 뚜렷하다.

생태 높은 산 중턱 해발고도 400~500m 부근부터 정상까지 서식한다. 주로 소나무 숲에 살며 유난히 솔잎에 잘 앉는다. 그래서 날카로운 솔잎에 날개가 상하거나 송진이 날개에 붙어 말라서 부분적으로 흰색을 띤 개체를 볼 수 있다.

우는 곳으로 접근하면 눈치가 빨라 울면서 다른 곳으로 날아가며 특히 나뭇가지 부러지는 소리가 나면 울음을 곧바로 멈춘다. 태양의 조도가 높을 경우에는 울음 속도가 빨라지고 인기척에 매우 민감하게 반응하지만, 구름이 낀 흐린 날이나 해가 질 무렵에는 울음 속도가 느려지고 인기척에도 둔감해지며, 한 곳에 가만히 앉아서 울거나 산 능선의 바위나 땅에 앉기도 한다. 수컷은 울기 시작한 뒤 방해가 없으면 계속해서 울음소리를 낸다. 주변이 탁 트인 절벽 쪽의 암릉에 가만히 앉아 있으면 절벽 아래쪽에서 울고 있던 개체가 암릉의 소나무로 날아와서 울고, 인기척을 느끼고 멀리 도망가더라도 다시금 되돌아와 계속 우는 것을 볼 수 있다. 경기 연천 고대산에는 정상 고대봉 헬기장 주변에 키 큰 나무가 없어서 키 낮은 나무나 풀에 앉아서 우는 개체가 간혹 보인다. 흐린 날 안개가 자욱하게 낀 산속에서 매우 느린 속도로 우는 것도 본 적 있다.

날개돋이는 세모배매미와 마찬가지로 오전 10시~오후 1시 사이에 주로 높이 1m 내외의 풀줄기나 나뭇가지에서 이루어진다. 암컷은 서식지 주변에 있는 철쭉의 살아 있는 가지와 죽은 가지에 알을 낳으며, 알을 낳으면 곧바로 높은 소나무로 날아간다.

소나무 가지에 앉은 수컷. 경기 연천 고대산. 2015.08.06.

죽은 나뭇가지에 앉은 수컷. 충북 제천 신선봉. 2013.08.27.

소나무 가지에 앉아서 우는 수컷. 경기 남양주 천마산. 2016.08.13.

암컷. 경기 남양주 천마산. 2016.08.10.

소나무의 수액을 빠는 수컷. 경기 남양주 천마산. 2016.08.13.

소나무의 죽은 가지에 앉은 수컷. 경기 연천 주라이등. 2015.08.07.

소나무 가지에서 V자 자세로 짝짓기 중인 한 쌍. 경기 연천 주라이등. 2015.08.07.

철쭉의 살아 있는 가지에 산란관을 꽂고 알을 낳는 암컷. 충북 제천 작성산. 2013.08.21.

철쭉의 죽은 가지에 산란관을 꽂고 알을 낳는 암컷. 경기 남양주 천마산. 2016.08.10.

철쭉의 죽은 가지에 남은 알 낳은 흔적. 경기 남양주 천마산. 2016.08.10.

서식지 전경. 경기 남양주 천마산. 2016.08.10.

죽은 풀에 붙은 탈피각. 경기 연천 고대산. 2015.08.06.

수컷 윗면. 강원 화천 해산령. 2011.08.30.　　　수컷 아랫면. 강원 화천 해산령. 2011.08.30.

암컷 윗면. 강원 화천 해산령. 2011.08.30.　　　암컷 아랫면. 강원 화천 해산령. 2011.08.30.

수컷 윗면. 충북 제천 신선봉. 2013.08.16.

수컷 윗면. 경기 연천 고대산. 2012.08.17.

수컷 윗면. 경기 가평 운악산. 2012.09.03.

수컷 윗면. 강원 화천 해산령. 2011.08.30.

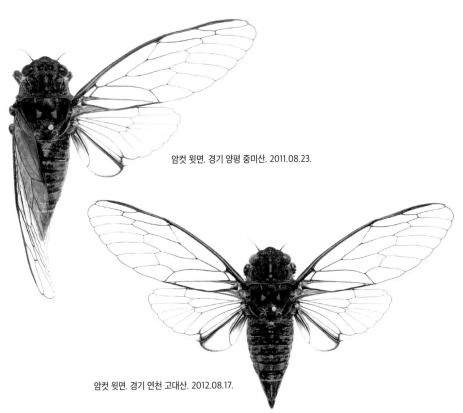

암컷 윗면. 경기 양평 중미산. 2011.08.23.

암컷 윗면. 경기 연천 고대산. 2012.08.17.

풀매미

Tettigetta isshikii (Kato, 1926)

몸길이 암수 모두 16~17㎜
날개 끝까지 길이 암수 모두 23㎜ 내외
나타나는 때 5월 중순~8월 하순

형태 우리나라 매미 중에서 몸집이 가장 작다. 몸 색깔은 세 가지(녹색, 황색, 흑색)이며, 앞가슴등판 한가운데 세로 줄무늬가 있으나, 없는 개체도 있다. 가운데가슴 등판은 녹색과 황색 개체인 경우는 검은 바탕에 몸과 색이 같은 큰 무늬가 있고, 흑색 개체인 경우는 검은 바탕에 갈색이나 녹색 점무늬 두 개 또는 세로 줄무늬가 있으며, 무늬가 전혀 없는 개체도 있다. 날개는 투명하고, 날개맥의 색깔이 녹색과 황색인 개체의 경우는 몸 색깔과 같으며, 흑색 개체는 보통 갈색이 많으나 간혹 녹색인 개체도 보인다. 강원도에는 다른 지역보다 풀매미가 많이 서식하며 대부분 흑색 개체가 보이고, 그 밖의 지역에서는 서식지 한 곳에서 세 가지가 모두 나타나기도 한다.

생태 한반도 전역에 국지적으로 분포하며, 예전에는 평지의 풀밭에서도 보였으나, 개발과 농약 살포 등으로 인해 지금은 산 중턱이나 정상의 양지바른 풀밭, 제초제를 살포하지 않아서 풀이 무성한 오래된 무덤가에서나 볼 수 있다. 해발고도가 1,000m 이상인 고산지대에서도 보인다. 우리나라 섬 중에서는 유일하게 제주도에서 서식이 확인되며, 녹색형 개체가 우점하고 황색과 흑색 개체도 간간이 보인다.

햇빛이 강한 날에 잘 울며, 흐린 날에는 잘 울지 않는다. 울음소리는 풀벌레 소리와 매우 비슷하며, 눈치가 빨라서 접근하면 울음을 멈추거나 울면서 다른 곳으로 날아간다. 태양의 조도가 높은 경우에는 매우 빠른 속도로 울고, 낮을 경우에는 매우 느린 속도로 울며, 방해가 없으면 계속해서 운다. 수컷은 평상시에는 날개를 몸 쪽으로 붙이고 있다가 울 때에는 소리가 사방으로 잘 퍼져 나갈 수 있도록 날개와 진동막 사이의 간격을 띄운다.

짝짓기 과정은 세모배매미와 같다. 수컷이 암컷을 부르기 위해 울음소리를 내면 주변에 있던 암컷이 날갯짓으로 소리를 내어 자신의 위치를 알린다. 그러면 수컷은 더욱 빠른 속도로 울며 암컷에게 접근해 바로 짝짓기를 하며, 짝짓기 유지시간은 10분 내외로 다른 매미에 비해 매우 짧다. 풀과 나무를 가리지 않고 앉으며 암컷은 살아 있는 풀줄기, 특히 세모배매미와 마찬가지로 개망초와 꿩의다리에 주로 알을 낳는다.

날개돋이는 오전 9시~오후 1시 사이에 이루어진다. 땅 위로 올라온 종령 애벌레는 낮은 풀잎 뒷면에 몸을 고정하고 1시간 만에 날개돋이를 마친다. 서식지에는 유독 파리매가 많고 이들이 풀매미의 최대 천적이다. 풀매미가 날면 파리매가 달려들어 낚아채는 장면을 자주 본다. 풀매미는 한정된 서식지에서만 살고 멀리 벗어나지 않기 때문에 서식지가 파괴되면 그곳의 개체들은 절멸한다. 이동성이 강한 세모배매미보다 주변 환경변화에 취약하므로 보호가 절실하다. 강원 영월과 충북 제천, 단양의 석회암으로 이루어진 카르스트지형은 민둥지대가 많아서 풀매미가 여기저기 흩어져 살고 있다.

체색으로 인해 별개 종으로 취급되던 풀매미와 고려풀매미는 동일종으로 확인되었다. (Lee, 2008)

고사리 잎에 앉은 암컷(황색형). 경기 가평 하면. 2012.06.06.

엉겅퀴 줄기에 앉은 수컷(녹색형). 경기 가평 하면. 2012.06.06.

가느다란 풀줄기에 붙어 있는 암컷(흑색형). 강원 평창 대화면. 2014.06.06.

풀잎에 앉은 수컷(황색형). 제주도 제주 연동. 2014.07.17.

고사리 잎에 앉은 수컷(녹색형).
제주도 제주 연동. 2014.07.17.

울고 있는 수컷. 흑색형이지만 날개맥과 다리가 녹색을 띤다.
경기 포천 명성산. 2016.06.01.

풀줄기에 앉은 암컷(흑색형). 강원 평창 평창읍. 2015.05.26.

울지 않을 때 모습(왼쪽)과 울 때의 모습(오른쪽). 풀매미 수컷(흑색형). 강원 평창 대화면. 2012.06.07.

울고 있는 수컷(흑색형). 경기 가평 북면. 2016.05.31.

풀잎에 앉아 우는 수컷(녹색형). 경기 포천 명성산.
2016.06.01.

꿀풀 줄기에서 V자 자세로 짝짓기 중인 한 쌍(흑색형).
경기 가평 하면. 2013.06.22.

찡의다리의 즙을 빠는 수컷(흑색형).
강원 평창 대화면. 2014.06.06.

풀잎 위에서 V자 자세로 짝짓기 중인 한 쌍(암컷은 녹색형, 수컷은 흑색형). 경기 가평 하면. 2013.06.22.

풀줄기에서 V자 자세로 짝짓기 중인 한 쌍(녹색형). 제주도 제주 오등동. 2014.07.14.

꿩의다리 줄기에 산란관을 꽂고 알을 낳는 암컷(흑색형). 경기 가평 북면. 2016.05.31.

핑의다리 줄기에 남은 알 낳은 흔적. 경기 가평 북면. 2016.05.31.

개망초 줄기에 남은 알 낳은 흔적. 강원 평창 대화면. 2014.06.06

날개돋이를 마치고 몸을 말리는 수컷. 경기 포천 명성산. 2016.06.01. 11시 52분.

날개돋이를 마치고 날아가기 전에 체액을 꼬리로 빼내는 암컷. 강원 영월 북면. 2015.05.28. 10시 33분.

날개돋이하다가 기력을 다 소진해 죽었다.
강원 영월 북면. 2015.05.28.

파리매에게 포식당한 수컷(녹색형).
경기 가평 하면. 2013.06.22.

풀로 뒤덮인 무덤가 서식지 전경. 강원 평창 평창읍. 2015.05.26.

풀밭으로 이루어진 서식지 전경. 경기 포천 명성산. 2016.06.01.

수컷(흑색형) 아랫면.
강원 영월 쌍용리. 2011.07.16.

수컷(흑색형) 윗면.
강원 영월 쌍용리. 2011.07.16.

암컷(흑색형) 윗면.
강원 영월 쌍용리. 2011.07.16.

암컷(흑색형) 아랫면.
강원 영월 쌍용리. 2011.07.16.

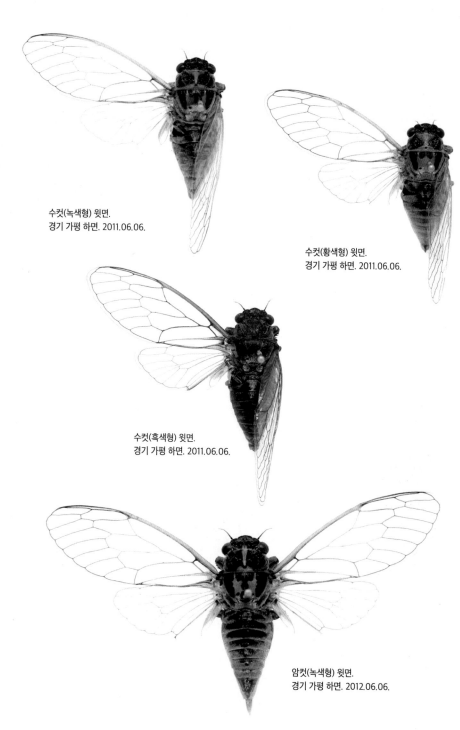

수컷(녹색형) 윗면.
경기 가평 하면. 2011.06.06.

수컷(황색형) 윗면.
경기 가평 하면. 2011.06.06.

수컷(흑색형) 윗면.
경기 가평 하면. 2011.06.06.

암컷(녹색형) 윗면.
경기 가평 하면. 2012.06.06.

찾아보기